by James Richard

EXPONENTIAL WORKBOOK

April 2020

Copyright © 2020

All rights reserved. No part of this publication may be reproduced, distributed, or transmitted in any form or by any means, including photocopying, recording, or other electronic or mechanical methods, without the prior written permission of the publisher, except in the case of brief quotations embodied in critical reviews and certain other non commercial uses permitted by copyright law. For permission requests, write to the publisher using address below.

delightfulbook@gmail.com

Contents

EXPONENTIAL 1
PROPERTIES 1
TEST WITH SOLUTIONS 11
QUESTIONS 19
TESTS 1 26
TEST 2 30
TEST 3 34
TEST 4 39
TEST 5 44

EXPONENTIAL

Definition: Provided that $n \in R$ *and* $x \in R - \{0\}$ *the number* x^n $X.X.X....X$ *is called the* n^{th} *power of* x.

X *is called bese and n is called power.*

(PROPERTIES)

$x, y \in R - \{0\}$

$x = x^1$

$x.x = x^2$

$x.x.x = x^3$

$x.x.x.x = x^4$

$x.x.x............x = x^n$ (n times)

1. $x^n.x^m = x^{m+n}$

(Example):

$9^4.81^5.243^7 = ?$

(Solution):

$9^4.81^5.243^7 = 3^{2.4}.3^{4.5}.3^{5.7}$

$\qquad = 3^8.3^{20}.3^{35}$

$\qquad = 3^{8+20+35} = 3^{63}$

(Example):

$\left. \begin{array}{l} 4^{\frac{x}{2}+y} = 4 \\ 2^{x-2y} = 9 \end{array} \right| \Rightarrow 2^x = ?$

A)6　　　　B)8　　　　C)10　　　　D)12　　　　E)16

(Solution):

$4^{\frac{x}{2}} = 4 \Rightarrow 2^{x+2y} = 4$

$(2^{x+2y}) \cdot (2^{x-2y}) = 4 \cdot 9$

$2^{x+2y+x-2y} = 36$

$2^{2x} = 6^2 \Rightarrow 2^x = 6$

2.　$\dfrac{x^n}{x^m} = x^{n-m} = \dfrac{1}{x^{m-n}} (x \neq 0)$

(Example):

$\dfrac{(-2)^{13} - 2^{14}}{2^{13}} = ?$

(Solution):

$\dfrac{(-2)^{13} - 2^{14}}{2^{13}} = \dfrac{-2^{13} - 2^{13} \cdot 2}{2^{13}} = \dfrac{2^{13}(-1-2)}{2^{13}} = -3$

(Example):

$$\frac{\left(-\frac{1}{2}\right)^3 \cdot \left(\frac{2}{3}\right)^3 \cdot (-2)^3}{(-2^2) \cdot \left(-\frac{1}{3}\right)^2} = ?$$

(SOlution):

$$\frac{-\frac{1}{8} \cdot \frac{8}{27} \cdot 4}{-4 \cdot \frac{1}{9}} = \frac{1}{2} \cdot \frac{8}{27} \cdot \frac{9}{1} \cdot \frac{1}{4} = \frac{1}{3}$$

(Example):

$$\frac{5^x + 10^x + 15^x}{2^x + 4^x + 6^x} = \frac{8}{125} \Rightarrow x = ?$$

(Solution):

$$\frac{5^x + 2^x.5^x + 3^x.5^x}{2^x + 2^x.2^x + 2^x.3^x} = \frac{8}{125}$$

$$\frac{5^x.(1 + 2^x + 3^x)}{2^x(1 + 2^x + 3^x)} = \frac{8}{125} \Rightarrow \left(\frac{5}{2}\right)^x = \left(\frac{5}{2}\right)^{-3}$$

$$x = -3$$

(Example):

$$\frac{9^{n-2}}{3^{2n}.3^{-1}} + \frac{3^{m-1}}{3^m} = ?$$

(Solution):

$$\frac{9^n.9^{-2}}{3^{2n}.3^{-1}} + \frac{3^m.3^{-1}}{3^m} = \frac{9^n.3}{9^n.81} + \frac{1}{3}$$

$$= \frac{1}{27} + \frac{1}{3} = \frac{1+9}{27} = \frac{10}{27}$$

3. $(x.y)^n = x^n.y^n$

(Example):

$a > 1, b > 1$

$$\left.\begin{array}{l} a^{x-y} = b^9.a^{11} \\ b^{x-y} = a^8.b^{10} \end{array}\right\} \Rightarrow x - y = ?$$

A)35　　　　B)27　　　　C)21　　　　D)19　　　　E)17

(Solution):

$a^{x-y} = b^9 \cdot a^{11}$

$\dfrac{b^{x-y}}{x} = \dfrac{a^8 \cdot b^{10}}{x}$

$(a.b)^{x-y} = (a.b)^{19}$

$x - y = 19$

4. $\left(\dfrac{x}{y}\right)^n = \dfrac{x^n}{y^n}$

(Example):

$9^a = x \;(and)\; 3^{a+2} = y \Rightarrow y^2 = ?$

$3^{a+2} = y \Rightarrow 3^a \cdot 3^2 = y \Rightarrow 3^a = \dfrac{y}{9}$

$9^a = x \Rightarrow (3^a)^2 = x$

$\left(\dfrac{y}{9}\right)^2 = x$

$= y^2 = 81 \cdot x$

5. $(x^n)^m = (x^m)^n = x^{m.n}$

(Example):

$a, b \in Z - \{0, 1\}$

$a^b = \dfrac{1}{343} \Rightarrow a + b = ?$

A)2　　　　B)4　　　　C)6　　　　D)8　　　　E)10

(Solution):

$a^b = \dfrac{1}{7^3} \Rightarrow a^b = 7^{-3}$

$a^b = 7^{-3} \Rightarrow a = 7 \ (and) \ b = -3$

$a + b = 7 - 3 = 4$

6. $\quad x^n = x^m \Rightarrow n = m, \ \begin{pmatrix} x \neq 0 \\ x \neq 1 \\ x \neq -1 \end{pmatrix}$

(Example):

$(x-3)^{3x-1} = (x-3)^{2x+4} \Rightarrow x = ?$

A)9   B)8   C)7   D)6   E)5

(Solution):

(To satify the given equation, base must be equal to 1.)

$x - 3 = 1$

$x = 4$

(Morever since the bases are equal, power must be equal to each other)

$3x - 1 = 2x + 4 \Rightarrow x = 5$

$\sum x = 2x + 4 \Rightarrow x = 5$

7. $\left(\dfrac{x}{y}\right)^{-n} = \left(\dfrac{y}{x}\right)^{n} : x^{-n} = \dfrac{1}{x^n}, (x \neq 0)$

(Example):

$a^{-\frac{3}{2}} = 64 \Rightarrow a = ?$

(Solution):

$a^{-\frac{3}{2}} = 4^3 \Rightarrow a^{-\frac{3}{2}\left(-\frac{2}{3}\right)} = 4^{3\left(-\frac{2}{3}\right)}$

$a = 4^{-2} \Rightarrow a = \dfrac{1}{4^2} = \dfrac{1}{16}$

(Example):

$\dfrac{3}{2^{1-x}} = 27 \Rightarrow ? < x < ?$

(Solution):

$\dfrac{3}{2 \cdot 2^{-x}} = 27 \Rightarrow 3 \cdot 2^{x} = 2 \cdot 27$

$\Rightarrow 2^{x} = 18$

$16 < 18 < 32$

$2^{4} < 2^{x} < 2^{5}$

$4 < x < 5$

8. $a.x^{m} + b.x^{m} - c.x^{m} = x^{m}(a + b - c)$

(Example):

4. $2^{a+1} - 3 \cdot 2^{a+3} + 8 \cdot 2^{a+2} = ?$

(Solution):

$4 \cdot 2^{a} \cdot 2 - 3 \cdot 2^{a} \cdot 2^{3} + 8 \cdot 2^{a} \cdot 2^{2}$

$2^{a} \cdot (8 - 24 + 32)$

$2^{a} \cdot 16 = 2^{a} \cdot 2^{4} = 2^{a+4}$

(Example):

$(3^{2})^{5} + (-3^{2})^{5} - (-3^{2})^{5} + (-3^{-5})^{-2} = ?$

(Solution):

$= (3^{2})^{5} + (-3^{2})^{5} - (-3^{2})^{5} + (-3^{-5})^{-2}$

$= 3^{10} + (-3^{10}) - (-3^{10}) + (3^{10})$

$= 3^{10} - 3^{10} + 3^{10} + 3^{10}$

$= 2.3^{10}$

(Example):

$$\frac{1}{2^{x+1}} + \frac{6}{2^x} + \frac{2}{2^{x-2}} = 64 \Rightarrow x = ?$$

(Solution):

$$\frac{1}{2^x \cdot 2^{-1}} + \frac{6}{2^x} + \frac{2}{2^x \cdot 2^{-2}} = 64$$

$$\frac{2}{2^x} + \frac{6}{2^x} + \frac{8}{2^x} = 64$$

$$\frac{16}{2^x} = 64$$

$$\frac{1}{2^x} = 4$$

$$2^{x+2} = 1 \Rightarrow x + 2 = 0 \Rightarrow x = -2$$

9. $(-a)^{2n} = a^{2n} \quad (n \in N)$

$(-a)^{2n+1} = -a^{2n+1}$

(Example):

$$\frac{(-2)^3 + (-2^2)}{\left(\frac{1}{2}\right)^{-2} + \frac{1}{2^{-3}}} = ?$$

A) 1   B) –1   C) 2   D) –2   E) 3

(Solution):

$$\frac{(-2)^3+(-2^2)}{\left(\frac{1}{2}\right)^{-2}+\frac{1}{2^{-3}}}=\frac{-8+(-4)}{(2)^2+2^3}=\frac{-8-4}{4+8}=\frac{-12}{12}=-1$$

(*Example*):

$$\frac{(-2)^{-2}-3^{-1}+2^{-2}}{6^{-2}}=?$$

A) 2   B) 4   C) 6   D) 8   E) 10

(*Solution*):

$$\frac{(-2)^{-2}-3^{-1}+2^{-2}}{6^{-2}}=\frac{\left(\frac{1}{2}\right)^2-\frac{1}{3}+\frac{1}{2^2}}{\frac{1}{6^2}}=\frac{\frac{1}{4}-\frac{1}{3}+\frac{1}{4}}{\frac{1}{36}}$$

$$=\frac{\frac{3-4+3}{12}}{\frac{1}{36}}=\frac{2}{12}\cdot\frac{36}{1}=2.3=6$$

(*Example*):

$$\frac{[(-2)^{-2}]^2 \cdot \left[\left(\frac{1}{2}\right)^3\right]^{-1}}{\left[\left(-\frac{1}{2}\right)^{-1}\right]^2} = ?$$

A) $\frac{1}{8}$ B) $\frac{1}{6}$ C) $\frac{1}{4}$ D) $\frac{1}{2}$ E) 1

(*Solution*):

$$\frac{[(-2)^{-2}]^2 \cdot \left[\left(\frac{1}{2}\right)^3\right]^{-1}}{\left[\left(-\frac{1}{2}\right)^{-1}\right]^2} = \frac{\left(\frac{1}{4}\right)^2 \cdot \left(\frac{1}{8}\right)^{-1}}{((-2))^2} = \frac{\frac{1}{16} \cdot 8}{4}$$

$$= \frac{\frac{1}{2}}{4} = \frac{1}{2} \cdot \frac{1}{4} = \frac{1}{8}$$

(TEST WITH SOLUTIONS)

1. $(-2^2)+(-5)^2+(-5^2)-(-2)^3 = ?$

A) -12 B) 4 C) 46 D) 62 E) 38

(Solution):

$= -4 + 25 - 25 - (-8) = 4$

2. $\dfrac{(-2)^3 \cdot (-3)^{-2}}{-3^2} = ?$

A) -8 B) 8 C) -27 D) 27 E) 9

(Solution):

$\dfrac{(-2)^3 \cdot (-3)^{-2}}{-3^2} = \dfrac{-8 \cdot \dfrac{1}{(-3)^2}}{-\dfrac{1}{3^2}} = \dfrac{-\dfrac{8}{9}}{-\dfrac{1}{9}} = 8$

3. $(-a)^{-2} \cdot (a^{-3}) \cdot (-a^{-2}) \cdot (-a^4) = ?$

A) a^3 B) $-a^3$ C) $-a^{-3}$ D) $-a^5$ E) a^{-3}

(Solution):

$(-a)^{-2} \cdot (a^{-3}) \cdot (-a^{-2}) \cdot (-a^4)$

$$= \frac{1}{(-a)^2} \cdot a^{-3} \cdot \left(-\frac{1}{a^2}\right) \cdot (-a^4) = \frac{a^{-3}}{a^2} \cdot \frac{a^4}{a^2} = a^{-3}$$

4. $\left[(2^{-1}+3^{-1})^{-1}+\left(\frac{5}{4}\right)^{-1}\right]^{-2} = ?$

A) $\frac{1}{16}$ B) $\frac{1}{8}$ C) $\frac{1}{4}$ D) $\frac{1}{2}$ E) 1

(Solution):

$$\left[(2^{-1}+3^{-1})^{-1}+\left(\frac{5}{4}\right)^{-1}\right]^{-2} = \left[\left(\frac{1}{2}+\frac{1}{3}\right)^{-1}+\frac{4}{5}\right]^{-2}$$

$$= \left[\left(\frac{5}{6}\right)^{-1}+\frac{4}{5}\right]^{-2}$$

$$= \left(\frac{6}{5}+\frac{4}{5}\right)^{-2}$$

$$= 2^{-2} = \frac{1}{4}$$

5. $\dfrac{\left(-\frac{1}{2}\right)^{-2}+\left(-\frac{1}{2}\right)^{-3}}{\left(-\frac{1}{3}\right)^{2}-\left(-\frac{1}{3}\right)^{3}} = ?$

A) $\frac{2}{27}$ B) $\frac{27}{16}$ C) -27 D) -54 E) -108

(Solution):

$$= \frac{(-2)^2 + (-2)^3}{\frac{1}{9} - \left(-\frac{1}{27}\right)} = \frac{4 + (-8)}{\frac{1}{9} + \frac{1}{27}} = \frac{-4}{\frac{4}{27}}$$

$$= -27$$

6. $\dfrac{10^8 - 10^6}{5^8 - 5^6} = ?$

A) 4   B) 99   C) 192   D) 264   E) 256

(Solution):

$$\frac{10^8 - 10^6}{5^8 - 5^6} = \frac{10^6(10^2 - 1)}{5^6(5^2 - 1)} = \frac{10^6 \cdot 99}{5^6 \cdot 24}$$

$$= \left(\frac{10}{5}\right)^6 \cdot \frac{99}{24} = 2^6 \cdot \frac{99}{24}$$

$$= 64 \cdot \frac{99}{24} = 264$$

7. $\dfrac{a^{n+2} - a^{2-n}}{a^{n+3} - a^{3-n}} = ?$

A) $\dfrac{1}{a}$ B) a^{-n} C) a D) a^{-n} E) a^{2n-1}

(Solution):

$$\frac{a^{n+2} - a^{2-n}}{a^{n+3} - a^{3-n}} = \frac{a^n \cdot a^2 - a^2 \cdot a^{-n}}{a^n \cdot a^3 - a^3 \cdot a^{-n}}$$

$$= \frac{a^2(a^n - a^{-n})}{a^3(a^n - a^{-n})}$$

$$= a^{2-3} = a^{-1} = \frac{1}{a}$$

8. $\dfrac{2 \cdot 3^{x+1} + 3^{x-1} - 3^{x+2}}{4 \cdot 3^{x-1}} = ?$

A) -2 B) -1 C) 0 D) 1 E) 2

(Solution):

$$\frac{2 \cdot 3^{x+1} + 3^{x-1} - 3^{x+2}}{4 \cdot 3^{x-1}} = \frac{2 \cdot 3^x \cdot 3 + 3^x \cdot 3^{-1} - 3^x \cdot 3^1}{4 \cdot 3^x \cdot 3^{-1}}$$

$$= \frac{3^x(6 + \frac{1}{3} - 9)}{3^x \cdot \frac{4}{3}}$$

$$= \frac{-\frac{8}{3}}{\frac{4}{3}}$$

$$= -2$$

9. $2^x + 2^{x+1} = m \cdot 2^{x+2} \Rightarrow m = ?$

A)$\dfrac{1}{8}$ B)$\dfrac{1}{4}$ C)$\dfrac{2}{3}$ D)$\dfrac{3}{4}$ E)$\dfrac{7}{8}$

(Solution):

$$m = \dfrac{2^x + 2^{x+1}}{2^{x+2}}$$

$$= \dfrac{2^x(1+2)}{2^x \cdot 2^2}$$

$$= \dfrac{3}{4}$$

10. $a, b \in Z$

$$\dfrac{8^3 \cdot 6^4}{18^2} = 2^a \cdot 3^b \Rightarrow a + b = ?$$

A)8   B)10   C)11   D)12   E)15

(Solution):

$$\dfrac{8^3 \cdot 6^4}{18^2} = 2^a \cdot 3^b = \dfrac{(2^3)^3 \cdot 2^4 \cdot 3^4}{3^4 \cdot 2^2} = 2^a \cdot 3^b$$

$2^{13-2} \cdot 3^{4-4} = 2^a \cdot 2^b$

$2^{11} \cdot 3^0 = 2^a \cdot 3^b$

$a = 11, b = 0$

$a + b = 11$

11. $(4^{a+1} - 2^{2a}) : (3 \cdot 2^{3a}) = ?$

A) $2a$ B) $\dfrac{1}{2}$ C) $2\dfrac{1}{3}$ D) 2^{-a} E) 2^a

(Solution):

$$\dfrac{4^{a+1} - 2^{2a}}{3 \cdot 2^{3a}} = \dfrac{(2^2)^{a+1} - 2^{2a}}{3 \cdot 2^{3a}}$$

$$= \dfrac{2^{2a+2} - 2^{2a}}{3 \cdot 2^{3a}} = \dfrac{2^{2a}(2^2 - 1)}{3 \cdot 2^{2a} \cdot 2^a}$$

$$= \dfrac{3}{3 \cdot 2^a}$$

$$= \dfrac{1}{2^a} = 2^{-a}$$

12. $2^a = 50 \Rightarrow 2^{2a-2} = ?$

A) 125 B) 250 C) 500 D) 625 E) 750

(SOlution):

$2^a = 50$

$$2^{2a-2} = 2^{2a} \cdot 2^{-2} = (2^a)^2 \cdot \dfrac{1}{2^2}$$

$$= 50^2 \cdot \dfrac{1}{4}$$

$$= \dfrac{2500}{4} = 625$$

13. $16^{\frac{x}{2}} = 256 \Rightarrow x = ?$

A)2 B)3 C)4 D)6 E)8

(Solution):

$16^{\frac{x}{2}} = 256$

$(2^4)^{\frac{x}{2}} = 2^8 \Rightarrow 2^{2x} = 2^8$

$2x = 8$

$x = 4$

14. $\dfrac{5^x}{2^{x+1}} = \dfrac{1}{4} \Rightarrow \left(\dfrac{4}{25}\right)^{2x} = ?$

A)$\dfrac{2}{5}$ B)$\dfrac{1}{5}$ C)0 D)16 E)$\dfrac{625}{16}$

(Solution):

$\dfrac{5^x}{2^{x+1}} = \dfrac{1}{4} \Rightarrow \dfrac{5^x}{2^x} = \dfrac{1}{2}$

$\left(\dfrac{4}{25}\right)^{2x} = \left(\dfrac{2}{5}\right)^{4x} = \left(\dfrac{2^x}{5^x}\right)^4 = \left(\dfrac{5^x}{2^x}\right)^{-4}$

$= \left(\dfrac{1}{2}\right)^{-4} = 16$

15. $2^{-x} = 3 \Rightarrow 27 \cdot 2^{2x+1} = ?$

A) $\dfrac{16}{3}$ B) 6 C) 3 D) 7 E) 9

(Solution):

$2^{-x} = 3$

$27 \cdot 2^{2x+1} = 27 \cdot 2^{2x} \cdot 2$

$= 27 \cdot (2^x)^2 \cdot 2$

$= 27 \cdot (2^{-x})^{-2} \cdot 2$

$= 54 \cdot 3^{-2}$

$= \dfrac{54}{9} = 6$

16. $\dfrac{1{,}44}{10^{n+1}} = 0{,}00014 \Rightarrow n = ?$

A) 3 B) 4 C) −4 D) 0 E) −5

(Solution):

$\dfrac{1{,}44}{10^{n+1}} = 0{,}00014$

$\dfrac{144 \cdot 10^{-2}}{10^{n+1}} = 144 \cdot 10^{-6}$

$10^{-2-n-1} = 10^{-6} \Rightarrow -3 - n = -6$

$n = 3$

17. $3.2 \cdot 10^n = 0.0000032 \Rightarrow n = ?$

A) 4   B) 5   C) 6   D) –6   E) –7

(Solution):

$3,2 \cdot 10^n = 0,0000032$

$3,2 \cdot 10^n = 3,2 \cdot 10^{-6}$

$10^n = 10^{-6} \Rightarrow n = -6$

18. $2^x - 2^{x+1} + 2^{x+2} = 384 \Rightarrow x = ?$

A) 3   B) 5   C) 6   D) 7   E) 8

(Solution):

$2^x - 2^{x+1} + 2^{x+2} = 384$

$2^x - 2^x \cdot 2 + 2^x \cdot 2^2 = 384$

$2^x(1 - 2 + 4) = 384$

$2^x = \dfrac{384}{3} = 128$

$2^x = 2^7 \Rightarrow x = 7$

(QUESTIONS)

1. $\dfrac{1-2x^3}{x^m} + \dfrac{2-3x}{x^{m-3}} + \dfrac{3}{x^{m-4}} = ?$

A) $\dfrac{1}{x^m}$ B) $\dfrac{2}{x^m}$ C) $\dfrac{3}{x^m}$ D) $\dfrac{4}{x^m}$ E) $\dfrac{5}{x^m}$

(Solution):

$\dfrac{1-2x^3}{x^m} + \dfrac{2-3x}{x^{m-3}} + \dfrac{3}{x^{m-4}}$

$\dfrac{1-2x^3}{x^m} + \dfrac{x^3(2-3x)}{x^m} + \dfrac{3x^4}{x^m}$

$= \dfrac{1-2x^3+2x^3-3x^4+3x^4}{x^m}$

$= \dfrac{1}{x^m}$

2. $\dfrac{x^4 - 2a^2x^3 + a^4x^2}{a^4 - 2a^2x + x^2} = ?$

A) 1 B) a C) x^2 D) x E) $\dfrac{1}{x}$

(Solution):

$$\frac{x^4 - 2a^2x^3 + a^4x^2}{a^4 - 2a^2x + x^2} = \frac{x^2(x^2 - 2a^2x + a^4)}{a^4 - 2a^2x + x^2}$$

$$= x^2$$

3. $\dfrac{a^{m+2} \cdot a^{n-1}}{a^{m+n}} = ?$

A) a B) a^m C) a^n D) a^{m-n} E) a^{m+n}

(Solution):

$\dfrac{a^{m+2} \cdot a^{n-1}}{a^{m+n}} = a^{m+2+n-1-m-n}$

$= a^1 = a$

4. $12^{x+1} = 72$

$\Rightarrow 12^{x-1} = ?$

A) $\dfrac{1}{2}$ B) 1   C) 6   D) 12   E) 36

(Solution):

$12^{x+1} = 72 \Rightarrow 12^x \cdot 12 = 72$

$12^{x-1} = 12^x \cdot 12^{-1}$

$= 6 \cdot \dfrac{1}{12}$

$$= \frac{1}{2}$$

5. $\dfrac{2^{x+1}+4}{2^x+2} = ?$

A) 4   B) 2   C) 2^{-1} D) 2^x E) 2^{-x}

(Solution):

$$\frac{2^{x+1}+4}{2^x+2} = \frac{2^x \cdot 2 + 2^2}{2^x+2} = \frac{2 \cdot (2^x+2)}{2^x+2}$$

$$= 2$$

6. $2^x = a$

$2^{2(x+2)} = ?$

A) $\dfrac{1}{4^a}$ B) $\dfrac{1}{2^a}$ C) 2^a D) 2^{2a} E) 2^{4a}

(Solution):

$2^x = a$

$2^{2(x+2)} = 2^{2x} \cdot 2^2$

$= 2^{4a}$

7. $-(3)^2 + (-2)^3 + (-4)^2 = ?$

A) – 17   B) – 15   C) – 2   D) – 1   E) 15

(Solution):

$-(3)^2 + (-2)^3 + (-4)^2 = -9 - 8 + 16$

$\qquad = -1$

8. $3^{2x-1} = 12$

   $3^{x-1} = ?$

A) 2   B) 4   C) 6   D) 8   E) 10

(Solution):

$3^{2x-1} = 12 \Rightarrow 3^{2x} \cdot 3^{-1} = 12$

$(3^x)^2 = 36$

$3^x = 6$

$3^{x-1} = 3^x \cdot \dfrac{1}{3}$

$\qquad 6 \cdot \dfrac{1}{3}$

$\qquad = 2$

9. $3^{x-1} = a$

   $\Rightarrow \dfrac{27^x}{9} = ?$

A) a^2 B) a^3 C) $3a^3$ D) $9a^3$ E) $27a^3$

(Solution):

$3^{x-1} = a \Rightarrow 3^x = 3a$

$$\frac{27^x}{9} = \frac{(3^3)^x}{9} = \frac{(3^x)^3}{9} = \frac{(3a)^3}{9} = \frac{27a^3}{9}$$

$$= 3a^3$$

10. $\dfrac{4{,}7 \cdot 10^{-6}}{0{,}047} = 10^x \Rightarrow x = ?$

A) -4 B) -3 C) -2 D) -1 E) 0

(Solution):

$$\frac{4{,}7 \cdot 10^{-6}}{4{,}7 \cdot 10^{-2}} = 10^x \Rightarrow 10^{-4} = 10^x \Rightarrow x = -4$$

11. $\dfrac{(xy)^{n-4}}{(xy)^n} = 2 \Rightarrow \dfrac{1}{x^2 y^2} = ?$

A) 1 B) 2 C) 3 D) $\sqrt{2}$ E) $\sqrt{3}$

(Solution):

$$\frac{(xy)^{n-4}}{(xy)^n} = 2 \Rightarrow (xy)^{n-4-n} = 2$$

$(xy)^{-4} = 2$

$\dfrac{1}{(xy)^4} = 2$

$\dfrac{1}{x^4 y^4} = 2 \Rightarrow \dfrac{1}{x^2 y^2} = \sqrt{2}$

12. $\dfrac{1}{3^{-x}} = 5 \Rightarrow 9^{x+1} = ?$

A)144   B)169   C)175   D)200   E)225

(Solution):

$\dfrac{1}{3^{-x}} = 5 \Rightarrow 3^x = 5$

$9^{x+1} = (3^2)^{x+1}$

$= 3^{2x+2}$

$= 3^{2x}.3^2$

$= (3^x)^2 . 9 = 5^2 . 9 = 225$

13. $32^{x-3} = 243$

$\Rightarrow 2^{x+1} = ?$

A)16   B)29   C)36   D)48   E)64

(Solution):

$32^{x-3} = 243$

$\Rightarrow (2^5)^{x-3} = 3^5$

$(2^{x-3})^5 = 3^5$

$2^{x-3} = 3$

$\dfrac{2^x}{2^3} = 3$

$2^x = 24$

$2^{x+1} = 2^x \cdot 2$

$24 \cdot 2 = 48$

14. $2^{x+4} + 2^{x+1} + 2^x = 304$

    $\Rightarrow x = ?$

A) 3   B) 4   C) 5   D) 6   E) 7

(Solution):

$2^x \cdot 2^4 + 2^x \cdot 2 + 2^x = 304$

$2^x(16 + 2 + 1) = 304$

$2^x \cdot 19 = 304$

$2^x = 16 = 2^4$

$x = 4$

15. $x^a = \sqrt{5} \Rightarrow x^{-4a} = ?$

A) $\dfrac{1}{125}$ B) $\dfrac{1}{25}$ C) $\dfrac{1}{5}$ D) 5   E) 25

(SOlution):

$x^a = \sqrt{5}$

$x^{-4a} = (x^a)^{-4} = (\sqrt{5})^{-4}$

$= \left(5^{\frac{1}{2}}\right)^{-4} = 5^{-2} = \dfrac{1}{25}$

16. $0{,}00758 = 75{,}8 \cdot 10^{-a} \Rightarrow a = ?$

A) 6   B) 5   C) 4   D) –5   E) –6

(Solution):

$75{,}8 \cdot 10^{-4} = 75{,}8 \cdot 10^{-a}$

$10^{-4} = 10^{-a}$

$4 = a$

17. $15^{12} \cdot 625^x = 3^{12} \Rightarrow x = ?$

A) –6   B) –5   C) –3   D) –2   E) –1

(Solution):

$3^{12} \cdot 5^{12} \cdot 5^{4x} = 3^{12}$

$5^{(12+4x)} = 1 = 5^0$

$12 + 4x = 0$

$x = -3$

TESTS 1

1. $2^{3a+9} = 8^{-b-3} \Rightarrow a+b = ?$

   A) 0   B) –2   C) 4   D) –6   E) 12

2. $\dfrac{(-2)^2 \cdot 2^3 \cdot 2^{-9}}{8^{-3}} = ?$

   A) 2   B) 4   C) 16   D) 32   E) 64

3. $10^x = 16$

   $2^{x-1} \cdot 5^{x+3} = ?$

   A) 125   B) $\dfrac{125}{2}$ C) 250   D) 625   E) 1000

4. $2^{a+4} = 6$

   $3^{2b+1} = 12 \Rightarrow 3^{ba-2} = ?$

   A) $\dfrac{1}{8}$ B) $\dfrac{3}{4}$ C) $\dfrac{1}{24}$ D) 2   E) 12

5. $5^{2a-b} = 625$

   $2^{2a+b} = 128 \Rightarrow a \cdot b^{-1} = ?$

   A) $\dfrac{3}{2}$ B) $\dfrac{4}{9}$ C) $\dfrac{11}{4}$ D) $\dfrac{11}{6}$ E) 5

6. $6^{x-1} = 3^{x-2} \Rightarrow 2^x = ?$

A) $\dfrac{1}{2}$ B) $\dfrac{2}{3}$ C) $\dfrac{4}{9}$ D) $\dfrac{3}{4}$ E) 3

7. $\dfrac{2^x}{3^{-x} + 3^{-x} + 3^{-x}} = 72 \Rightarrow x = ?$

A) 0   B) 1   C) 3   D) 6   E) 8

8. $\left(\dfrac{1}{x}\right)^{x-2} \cdot 8^{x+1} = 2^{4-x} \Rightarrow x = ?$

A) $-\dfrac{1}{2}$ B) $\dfrac{-1}{3}$ C) 4   D) 8   E) 16

9. $\dfrac{2^x + 2^x + 2^x}{2^x \cdot 2^x} = 24 \Rightarrow x = ?$

A) -1 B) -2 C) -3 D) $\dfrac{1}{6}$ E) $\dfrac{1}{16}$

10. $3^{x-1} + \dfrac{2}{3^{1-x}} = 81 \Rightarrow x = ?$

A) 3   B) 4   C) 9   D) 27   E) $\dfrac{1}{6}$

11. $\dfrac{1}{2^{x-2}} \cdot \dfrac{4}{4^{3-x}} = 64 \Rightarrow x = ?$

A) $-\dfrac{2}{3}$ B) $\dfrac{-8}{3}$ C) $\dfrac{4}{3}$ D) $\dfrac{1}{2}$ E) 8

12. $\dfrac{3^3 - 3^2}{9} \cdot (2^{-3})^{-2} = ?$

A) 32   B) 64   C) 128   D) 256   E) 512

13. $\left[\left(-\dfrac{1}{2}\right)^{-1}\right]^3 = ?$

A) $(-2)^{-1}$ B) -2^3 C) 16   D) 2^3 E) $\dfrac{2}{2^2}$

14. $(-a)^5 \cdot (-a)^4 \cdot -a^3 = ?$

A) $-a^{12}$ B) a^{-3} C) a^4 D) a^{12} E) a^{60}

15. $\dfrac{\left(-\dfrac{1}{2}\right)^3 \cdot (-2)^5}{(-2)^4} = ?$

A) $\dfrac{1}{2}$ B) 2^{-2} C) $\dfrac{1}{6}$ D) 2^4 E) 2^{-3}

16. $2^{a-1} = 4 \Rightarrow 4^{a-1} = ?$

A) 2^{-2} B) 2^{-3} C) 2^{-4} D) 2   E) 16

17. $\dfrac{2^{-2} \cdot 2^4 \cdot (-2)^3 \cdot (-2^6)}{-2^5 \cdot (-2)^2} = ?$

A) -2^2 B) $-\dfrac{1}{2^4}$ C) -2^4 D) 2^8 E) 32

18. $x + y^{-1} = 3$

$y + x^{-1} = 2 \Rightarrow y \cdot x^{-1} = ?$

A) $\dfrac{1}{2}$ B) $\dfrac{2}{3}$ C) $\dfrac{3}{4}$ D) 6   E) 5

19. $2^{a+3} = 16$

$2^b = 8 \Rightarrow b - a = ?$

A) -2 B) -1 C) 0   D) 1   E) 2

20. $8^{x-1} = 2^{x+1} \Rightarrow 2^x = ?$

A) -8 B) -4 C) 0   D) 2   E) 4

21. $\left. \begin{array}{l} a^2 = 2^{8x+2} \\ \dfrac{a}{4} = 32^{x-2} \end{array} \right\} \Rightarrow x = ?$

A) 4   B) 2^5 C) 6   D) 8   E) 9

22. $\left(\dfrac{1}{3}\right)^{x-2} \cdot 27^{x-1} = 3^{3-x} \Rightarrow x = ?$

A) $\dfrac{1}{2}$ B) $\dfrac{1}{3}$ C) $\dfrac{4}{3}$ D) 3^3 E) 81

23. $3^{x+1} - 9 \cdot 3^{x-1} + 2 \cdot 3^x = 162 \Rightarrow x = ?$

A) 1   B) 2   C) 3   D) 4   E) 5

Answers							
1.D	2.D	3.E	4.C	5.D	6.B		
7.C	8.B	9.C	10.B	11.E	12.C		
13.B	14.D	15.B	16.E	17.C	18.B		
19.C	20.E	21.E	22.C	23.D			

TEST 2

1. $2^{x-1} = 3 \Rightarrow 2^{x+3} + 3 \cdot 2^{x+2} - 7 \cdot 2^{x+1} = ?$

   A) 0   B) 6   C) 18   D) 24   E) 36

2. $4^{n+1} = \left(\dfrac{1}{8}\right)^{n-1} \Rightarrow n = ?$

   A) 0   B) 1   C) 2   D) 3   E) 4

3. $9^9 \cdot x = \dfrac{1}{27} \Rightarrow x = ?$

   A) 3^3 B) 3^{-9} C) 3^{15} D) 3^{-21} E) 9^{11}

4. $\left.\begin{array}{l} 3^x = 125 \\ 3^y = 5 \end{array}\right\} \Rightarrow \dfrac{x+y}{x-y} = ?$

   A) $\dfrac{1}{5}$ B) $\dfrac{1}{4}$ C) $\dfrac{1}{2}$ D) 2   E) 4

5. $\left.\begin{array}{l} a = 2^x - 1 \\ b = 2^{-x} - 1 \end{array}\right\} \Rightarrow \dfrac{a}{b} = ?$

   A) -1 B) 1   C) 2^{-x} D) -2^x E) 2

6. $(\sqrt{3})^{a-b} = 9^{2b-a}$

   (What is the relation between a and b?)

A) $3a = 2b$ B) $a = b$ C) $5a = 9b$

D) $3a = 4b$ E) $6a = 5b$

7. $6^x = 18 \Rightarrow (0.5)^{x-2} \cdot 3^{3-x} = ?$

A) 20 B) 15 C) 12 D) 9 E) 6

8. $(-a^{-2}) \cdot \left(-\dfrac{1}{a}\right)^{-2} - (-2)^3 = ?$

A) $-a$ B) 6 C) a D) 7 E) 9

9. $5^{x-3} = 0{,}008 \Rightarrow 2^{x-2} = ?$

A) 1 B) 2 C) 4 D) $\dfrac{1}{4}$ E) $\dfrac{1}{9}$

10. $(0{,}1)^x = a \Rightarrow (0{,}001)^{2x} = ?$

A) a^2 B) a^3 C) a^4 D) a^5 E) a^6

11. $(-0{,}5^{-4}) + (-0{,}5)^{-2} + (0{,}5)^{-3} = ?$

A) -4 B) -12 C) 20 D) 20 E) 28

12. $3^x - 3^{x-1} = 18 \Rightarrow x^x = ?$

A) 2 B) 9 C) 18 D) 27 E) 27

13. $a^{-1} = 3 \Rightarrow a - \dfrac{1}{a} = ?$

A) $-\dfrac{2}{3}$ B) $-\dfrac{3}{8}$ C) $-\dfrac{5}{3}$ D) $-\dfrac{8}{3}$ E) $-\dfrac{10}{3}$

14. $\dfrac{27^{2x+4}}{4^{3x+6}} = \left(\dfrac{2}{3}\right)^6 \Rightarrow x = ?$

A) $-\dfrac{4}{3}$ B) 2 C) 3 D) -2 E) -3

15. $2^{x-y} = 1 \Rightarrow \dfrac{x}{y} = ?$

A) -1 B) 1 C) 2 D) 3 E) 4

16. $\dfrac{x^{-1} - y^{-1}}{x^{-2} - y^{-2}} = ?$

A) $\dfrac{xy}{x+y}$ B) $\dfrac{xy}{x-y}$ C) xy

D) $x - y$ E) $\dfrac{x}{y}$

17. $4^{m-1} = 9 \Rightarrow (0{,}5)^{m+1} = ?$

A) $\dfrac{1}{12}$ B) $\dfrac{1}{3}$ C) 3 D) 6 E) 12

18. $2^x = a \Rightarrow 2^6 \cdot 4^{x-4} = ?$

A) $\dfrac{a^2}{2}$ B) $\dfrac{a^2}{3}$ C) $\dfrac{a^2}{4}$ D) $\dfrac{a^2}{5}$ E) $\dfrac{a^2}{6}$

19. $\dfrac{9^{-1}}{(0,3)^{-2}} = \dfrac{0,25}{5^{x+1}} \Rightarrow x = ?$

A) -2 B) -1 C) 0 D) 1 E) 2

20. $x, y \in Z$

$(0,06)^{x+3} \cdot 2^{-x-3} = 10^y \cdot 3^{2x} \Rightarrow x + y = ?$

A) -9 B) -8 C) -5 D) 8 E) 9

21. $\dfrac{27^x - 1}{3^x + 9^x + 27^x} = ?$

A) $1 + 3^x$ B) $1 - 3^x$ C) $1 - 3^{-x}$

D) $3^{-x} + 1$ E) $3^{-x} - 1$

22. $7^{2x+8} = 49^{1-x} \Rightarrow x = ?$

A) $-\dfrac{5}{2}$ B) $-\dfrac{3}{2}$ C) $-\dfrac{1}{2}$ D) $\dfrac{1}{2}$ E) $\dfrac{3}{2}$

23. $\dfrac{(125)^{x-1}}{5^{x-1}} = (625)^{2x} \Rightarrow x = ?$

A) $\dfrac{1}{3}$ B) $\dfrac{1}{2}$ C) $-\dfrac{1}{2}$ D) -2 E) $-\dfrac{1}{3}$

Answers

1.E	2.C	3.D	4.D	5.D	6.C
7.E	8.D	9.D	10.E	11.A	12.D
13.D	14.E	15.B	16.A	17.A	18.C
19.D	20.A	21.C	22.B	23.E	

TEST 3

1. $\dfrac{2}{1+3^{-a}} + \dfrac{2}{1+3^{a}} + 1 = ?$

A) 2   B) 3   C) 4   D) 5   E) 6

2. $\dfrac{(x^2)^{-1} \cdot (x^6)^{-3}}{(x)^{-3} \cdot (x^{-4})^2 \cdot (x^2)^{-4}} = ?$

A) 1   B) x^{-1} C) x^{-2} D) x^{-3} E) x^{-4}

3. $\left(\dfrac{0{,}2}{0{,}004} + \dfrac{0{,}3}{0{,}006}\right)^{-\frac{1}{2}} = ?$

A) 0,1   B) 0,2   C) 0,3   D) 0,4   E) 0,5

4. $\dfrac{a^{n+1} + a}{a^n} - \dfrac{1}{a^{n-1}} = ?$

A)2   B)a^3 C)a^2 D)a E)$\dfrac{1}{a}$

5. $\dfrac{3^{x+1}+3^{x-1}}{3^x-3^{x+2}}=?$

A)$-\dfrac{7}{5}$ B)$-\dfrac{6}{7}$ C)$-\dfrac{7}{12}$ D)$-\dfrac{5}{12}$ E)$-\dfrac{8}{9}$

6. $(-2)^2 \cdot (-2)^3 \cdot (-2^{-1})(-2)^{-3}=?$

A)-2 B)2^{-5} C)2^{-6} D)2^{-2} E)2^{-3}

7. $\dfrac{4^2+\left(\dfrac{1}{4}\right)^{-3}}{4+\left(\dfrac{1}{4}\right)^{-2}}=?$

A)2   B)4   C)8   D)16   E)32

8. $\dfrac{(0,6)^2}{0,03}:\dfrac{(0,3)^4}{(0,1)^2}=?$

A)$\dfrac{400}{37}$ B)$\dfrac{250}{17}$ C)$\dfrac{400}{27}$ D)$\dfrac{340}{27}$ E)$\dfrac{300}{13}$

9. $\dfrac{2.5^{22} - 9 \cdot 5^{21}}{25^{10}} = ?$

A) 5^{-1} B) 1 C) 5 D) 5^2 E) 5^3

10. $\dfrac{4 \cdot 9^{n-1} - 2 \cdot 3^{n-2}}{2 \cdot 3^{2n} - 3^n} = ?$

A) $\dfrac{2}{3}$ B) $\dfrac{3}{4}$ C) $\dfrac{2}{7}$ D) $\dfrac{5}{7}$ E) $\dfrac{2}{9}$

11. $\dfrac{\left(-\dfrac{1}{3}\right)^2 \cdot (-3^4)}{(-3^{-3}) \cdot \left(-\dfrac{1}{3}\right)^{-4}} = ?$

A) $\dfrac{1}{3}$ B) $\dfrac{1}{9}$ C) 1 D) 3 E) 9

12. $\left[\dfrac{a^{-1} - b^{-1}}{a^{-1} b^{-1}}\right] = ?$

A) a B) b C) $a - b$ D) $b - a$ E) ab

13. $\left(\dfrac{1-\dfrac{1}{4}}{1+\dfrac{1}{4}}\right)^{-1} : \dfrac{1+\dfrac{1}{3}}{1-\dfrac{1}{1-\dfrac{1}{3}}} = ?$

A) $-\dfrac{3}{8}$ B) $-\dfrac{5}{8}$ C) 0 D) $\dfrac{3}{8}$ E) $\dfrac{5}{8}$

14. $2 - [3^{-1} - (2^{-1} - 3^{-1}) - (-2)^{-1}]^{-1} = ?$

A) $\dfrac{1}{5}$ B) $\dfrac{1}{2}$ C) $\dfrac{2}{3}$ D) $\dfrac{4}{5}$ E) 2

15. $\dfrac{3}{2+2^{-1}} \cdot (0{,}06)^{-\frac{1}{2}} = ?$

A) 3 B) 2 C) $\dfrac{2}{3}$ D) $\dfrac{1}{2}$ E) $\dfrac{1}{3}$

16. $\dfrac{\left(\dfrac{1}{2}\right)^{-2} - 5(-2)^{-2} + 6^{-1}}{1 + 2^{-2}} = ?$

A) $\dfrac{11}{5}$ B) $\dfrac{7}{3}$ C) 3 D) 5 E) 7

17. $\dfrac{4^{2n+2} \cdot 3^{2n-1}}{6^{n-1} \cdot 2^{3n+1}} : 3^n = ?$

A) 16 B) 12 C) 8 D) 5 E) 3

18. $27^{0,17} \cdot 4^{0,46} \cdot 3^{0,99} \cdot 2^{0,58} - 2^{\frac{3}{2}} \cdot 3^{\frac{3}{2}} = ?$

A) -6 B) $-3^{\frac{1}{2}}$ C) 0 D) 3 E) 6

19. $20^2 \cdot 40^4 \cdot 80^5 = ?$

A) $2^{11} \cdot 5^{11}$ B) $2^{36} \cdot 5^{11}$ C) $2^{15} \cdot 10^{11}$

D) $4^8 \cdot 5^8$ E) $2^{18} \cdot 5^{10}$

20. $\dfrac{\dfrac{3 \cdot 2^{-4}}{5^4} + 4 \cdot 10^{-5}}{10^{-5}} = ?$

A) 0,3 B) 0,7 C) 7 D) 15 E) 34

21. $\dfrac{(-3)^3 \cdot (-3)^2 \cdot (-4)^6}{(-12)^5} = ?$

A) -4 B) -2 C) 3 D) 4 E) 6

22. $\dfrac{5 \cdot 2^{n+2} + 2^n}{2^n + 2^{n-1}} = ?$

A)14   B)16   C)21   D)28   E)30

23. $\dfrac{6 \cdot 3^x + 3^{x+1} + 2 \cdot 3^{x+2}}{3^x + 3^x + 3^x} = ?$

A)3   B)3^x C)9   D)27   E)$2 \cdot 3^x$

24. $2 \cdot 2^x + 2^{x+1} + 3 \cdot 2^{x+2} = ?$

A)2^{x+4} B)2^{x+5} C)$3 \cdot 2^{x+1}$

D)$6 \cdot 2^{3x+2}$ E)$5 \cdot 2^{x+3}$

25. $\dfrac{(625)^{0.25} + (64)^{\frac{1}{3}}}{5 + (-2^2)} = ?$

A)$\dfrac{3}{2}$ B)$\dfrac{9}{7}$ C)3   D)4   E)9

Answers					
1.B	2.B	3.A	4.D	5.D	6.A
7.B	8.C	9.C	10.E	11.D	12.D
13.B	14.B	15.A	16.B	17.A	18.C
19.B	20.E	21.D	22.A	23.C	24,A

| 25.E | | | | | |

TEST 4

1. $\dfrac{(4{,}01)^2 - (3{,}00)^2}{(0{,}5)^2 - (0{,}3)^2} = ?$

    A) 2 B) 1,2 C) 1 D) 0,1 E) 1,3

2. $\left.\begin{array}{l} 3^{2x} - 3^{2a} = 16 \\ 3^x + 3^a = 8 \end{array}\right\} \Rightarrow a = ?$

    A) −1 B) 0 C) 1 D) 2 E) $\dfrac{1}{2}$

3. $\left.\begin{array}{l} 4^{x+2y} = 8 \\ 8^{x+y} = 16 \end{array}\right\} \Rightarrow y = ?$

    A) $\dfrac{1}{3}$ B) $\dfrac{1}{4}$ C) $\dfrac{1}{5}$ D) $\dfrac{1}{6}$ E) $\dfrac{1}{7}$

4. $\left.\begin{array}{l} 2^x = 9 \\ 2^{2y} = 27 \end{array}\right\} \Rightarrow \dfrac{x+2y}{2y-4x} = ?$

    A) −1 B) 0 C) 1 D) 2 E) 3

5. $\left.\begin{array}{l} 3^x + 2^{y+1} = 91 \\ 4 \cdot 3^x - 2 \cdot 2^y = 44 \end{array}\right\} \Rightarrow x \cdot y = ?$

    A) 8 B) 10 C) 12 D) 15 E) 20

6. $\dfrac{6^{x+2}}{4^{1-x}} = \dfrac{24^x}{3^{2x-1}} \Rightarrow x = ?$

A) $-\dfrac{1}{2}$ B) -1 C) 0 D) $\dfrac{1}{2}$ E) $\dfrac{2}{3}$

7. $2^x = 3 \Rightarrow 2^{2x+1} = ?$

A) 9   B) 14   C) 16   D) 18   E) 20

8. $8^x = 27 \Rightarrow 2^{x+1} = ?$

A) 2   B) 4   C) 6   D) 8   E) 12

9. $\left(\dfrac{1}{4}\right)^{2x-1} \cdot 2^x = 8^{x-2} \Rightarrow x = ?$

A) $-\dfrac{3}{2}$ B) $-\dfrac{2}{3}$ C) $\dfrac{1}{2}$ D) $\dfrac{2}{3}$ E) $\dfrac{4}{3}$

10. $4^{a+3} \cdot 16^{a+1} \cdot 32^{1-a} = 1 \Rightarrow a = ?$

A) -20 B) -15 C) -2 D) 15   E) 20

11. $4^{a+3} - 4^{a+1} - 2 \cdot 4^a = 10^2 \Rightarrow a = ?$

A) $\dfrac{1}{2}$ B) 1   C) $\dfrac{3}{2}$ D) 2   E) $\dfrac{5}{2}$

12. $9^x = a \Rightarrow 3^{2x+1} = ?$

A)a B)2a C)3a D)6a E)9a

13. $\left.\begin{array}{l}a^{x+y}=27\\a^{3y-x}=3\end{array}\right\} \Rightarrow a^x = ?$

A)3 B)6 C)9 D)18 E)21

14. $\left.\begin{array}{l}2^x=a\\3^x=b\end{array}\right\} \Rightarrow \dfrac{9^{x+2}}{6^{x+1}} = ?$

A)$\dfrac{18b}{2a}$　　　　B)$\dfrac{b^2}{2a}$　　　　C)$\dfrac{27b}{2a}$

D)$\dfrac{3b}{2a}$　　　　E)$\dfrac{9b^2}{2a}$

15. $\left.\begin{array}{l}4^{a-1}=2\\2^{2b}=4\end{array}\right\} \Rightarrow a^{-b} = ?$

A)$\dfrac{1}{3}$　　　　B)$\dfrac{2}{3}$　　　　C)$\dfrac{3}{4}$

D)$\dfrac{4}{5}$　　　　E)$\dfrac{5}{6}$

16. $2^{a-4} + 2^{a-3} = 3 \cdot 4^{a-3} \Rightarrow a = ?$

A)2 B)3 C)4 D)5 E)6

17. $\left.\begin{array}{l} a = 3^{2b} \\ b = 3^{2a} \\ a + b = 3 \end{array}\right\} \Rightarrow a \cdot b = ?$

A) 3^2 B) 3^4 C) 3^5 D) 3^6 E) 3^7

18. $2^x = m \Rightarrow 8^{x+3} = ?$

A) $(8m)^3$ B) $2m^2$ C) $4m^2$ D) $(5m)^3$ E) $(4m)^3$

19. $x \neq 1, y \neq 1$

$\left.\begin{array}{l} x^{x-y} = y^3 \\ y^{x-y} = \dfrac{x^2}{y} \end{array}\right\} \Rightarrow x - y = ?$

A) 0   B) 1   C) 2   D) 3   E) 4

20. $\left.\begin{array}{l} 3^x \cdot 2^y = 81 \\ 2^y \cdot 9^x = 27 \end{array}\right\} \Rightarrow x = ?$

A) -2 B) -1 C) 1   D) 2   E) 3

21. $2^a = x \Rightarrow \dfrac{4^a}{2^{a-1} - 3 \cdot 2^a} = ?$

A) $-\dfrac{3x}{4}$ B) $-\dfrac{2x}{5}$ C) $-\dfrac{x}{3}$

D) $-\dfrac{x}{2}$ E) $-\dfrac{5x}{3}$

22. $3^a = 243$, $15^{b-3} = 3^5 \cdot 5^a \Rightarrow a+b = ?$

A) 3 B) 5 C) 8 D) 13 E) 15

23. $3^x = \dfrac{1}{a}$, $3^y = b \Rightarrow (0,3)^{x+y} = ?$

A) $\dfrac{a}{b}$ B) $a.b$ C) $\dfrac{1}{a+b}$ D) $\dfrac{a+b}{a}$ E) $\dfrac{b}{a}$

24. $a, b \in Z$ $\dfrac{15^{a+b}}{3^{a-b}} = 9 \Rightarrow a.b = ?$

A) -3 B) -2 C) -1 D) 1 E) 2

25. $\dfrac{x}{y} = 5\left(\dfrac{y}{x}\right)^{\frac{1}{n}} = 125 \Rightarrow n = ?$

A) $-\dfrac{1}{3}$ B) -2 C) $-\dfrac{2}{3}$ D) 3 E) $\dfrac{3}{5}$

Answers							
1.C	2.C	3.D	4.A	5.D	6.A		
7.D	8.C	9.E	10.B	11.A	12.C		
13.C	14.C	15.B	16.A	17.D	18.A		
19.B	20.B	21.B	22.D	23.A	24.C		

| 25.A | | | | | | |

TEST 5

1. $\left.\begin{array}{l} a+b=11 \\ \dfrac{3^{a-b}}{3^{b-a}}=9 \end{array}\right\} \Rightarrow a^2-b^2=?$

A) 99   B) 77   C) 61   D) 33   E) 11

2. $\dfrac{\left(-\dfrac{1}{4}\right)^2 - 2^2}{1 - 2^{-4}} = ?$

A) $-\dfrac{1}{5}$ B) $\dfrac{2}{5}$ C) $\dfrac{3}{5}$ D) $\dfrac{4}{5}$ E) 1

3. $\dfrac{1}{3^x} + \dfrac{1}{3^{x-1}} + \dfrac{1}{3^{x-2}} = \dfrac{9+a}{3^x} \Rightarrow a = ?$

A) 4   B) 5   C) 6   D) 7   E) 8

4. $14^b = 7^{b-a} \Rightarrow 49^{\frac{a}{b}} = ?$

A) $\dfrac{1}{16}$ B) $\dfrac{1}{8}$ C) $\dfrac{1}{4}$ D) $\dfrac{1}{2}$ E) 1

5. $\left.\begin{array}{l} 3^a = 8 \\ 2^{a+1} = 12 \end{array}\right\} \Rightarrow 48 = ?$

A)2^a B)4^a C)2^{a-1} D)3^{a+1} E)6^a

6. $\left[\dfrac{0,00048}{0,00012}\right]^{x-2} = \left[\dfrac{0,06}{0,03}\right]^{x+1} \Rightarrow x = ?$

A)2 B)3 C)4 D)5 E)6

7. $3^x = 2 \Rightarrow 9^x + 4^{\frac{1}{x}} = ?$

A)7 B)9 C)10 D)13 E)25

8. $16^x = a \Rightarrow \dfrac{256^x - 16^x}{1 - 16^x} = ?$

A)$1 - a$ B)a C)a^2 D)$-a$ E)$a^2 - 5$

9. $9^y = a,$

  $(0,3)^{-4} \cdot (0,5)^{4y} = 16 \cdot a^2 \Rightarrow y = ?$

A)-2 B)-1 C)1 D)2 E)3

10. $\left.\begin{array}{l}x = 2^n - 3 \\ y = 2^n + 3 \\ xy = 8\end{array}\right\} \Rightarrow x^2 + y^2 = ?$

A)32 B)44 C)50 D)52 E)64

11. $\left.\begin{array}{l}5^a = 25^{b-1} \\ 4^{a-3} = 8^b\end{array}\right\} \Rightarrow a.b = ?$

A)180 B)160 C)150 D)140 E)120

12. $\left.\begin{array}{l}3^{x+1} = y \\ y^{x-1} = 27\end{array}\right\} \Rightarrow x.y = ?$

A)$\dfrac{2}{3}$ B)18 C)27 D)36 E)54

13. $\dfrac{5^{x+2} - 125}{5^{2x} - 25} = \dfrac{5}{6} \Rightarrow x = ?$

A)5 B)4 C)3 D)2 E)0

14. $(0,6)^{2x-1} = \left(\dfrac{5}{3}\right)^{x-8} \Rightarrow x = ?$

A)5 B)4 C)3 D)2 E)1

15. $\dfrac{3.2^{x-1} - 3.2^x + 2^{x+1}}{2^x} = 2^{x-1} \Rightarrow x = ?$

A) −1 B) 0 C) 1 D) 2 E) 3

16. $x, y \in Z$
$$\left. \begin{array}{l} 3^x = a \\ 8^y = b \\ 24^{xy} = a^2 b^7 \end{array} \right\} \Rightarrow x + y = ?$$

A) 13 B) 11 C) 10 D) 9 E) 5

17. $\dfrac{4^a - 9}{3 - 2^a} + 7 = 0 \Rightarrow a = ?$

A) 5 B) 4 C) 3 D) 2 E) 1

18. $b > 0$
$$\left. \begin{array}{l} 3^{x+1} = a \\ 75^x = 4 \cdot \dfrac{ab^2}{3} \end{array} \right\} \Rightarrow 5^{x+1} = ?$$

A) b B) $2b$ C) $5b$ D) $10b$ E) $90b^2$

19. $\left. \begin{array}{l} 36^x = 8 \\ 4^y = 3 \end{array} \right\} \Rightarrow y = ?$

A) $\dfrac{2-x}{2x}$ B) $\dfrac{3-2x}{5x}$ C) $\dfrac{3-2x}{4x}$

D) $\dfrac{x-2}{5x}$ E) $\dfrac{3-x}{2x}$

20. $3^{x+1} + 3^{x+2} = 36 \cdot 3^y \Rightarrow x = ?$

A) $y+1$ B) y C) $y-1$ D) $2y$ E) $\dfrac{y+1}{3}$

21. $\dfrac{2^{x+1}+6}{4^x-9} = \dfrac{2}{5} \Rightarrow x = ?$

A) 2   B) 3   C) 4   D) 5   E) 6

22. $x \in Z$

$\dfrac{3^{x^2+2}}{27^x} = 1 \Rightarrow \sum x = ?$

A) 1   B) 2   C) 3   D) 4   E) 5

23. $3^{x+1} - 3^{x-2} + 3^x = 105 \Rightarrow x = ?$

A) 1   B) 2   C) 3   D) 4   E) 5

24. $\dfrac{(0{,}000125 \cdot 10^{47}) - (0{,}61 \cdot 10^{43})}{(1{,}5 \cdot 10^{42}) - (0{,}7 \cdot 10^{42})} = ?$

A)8   B)16   C)32   D)8.10^{42} E)2^{10}

25. $\left[\left(\dfrac{1}{4}-\dfrac{1}{3}-\dfrac{1-\dfrac{2}{3}}{1+\dfrac{1}{3}}\right)^{-4}\right]^{2}=?$

A) $-\dfrac{1}{243}$ B) $-\dfrac{1}{81}$ C) $\dfrac{1}{128}$

D) 3^{8} E) 2^{10}

Answers						
1.E	2.A	3.A	4.C	5.C	6.D
7.D	8.D	9.B	10.D	11.A	12.E
13.D	14.C	15.B	16.B	17.D	18.D
19.C	20.A	21.B	22.C	23.C	24,A
25.D